神奇的新能源

氢能

郑永春　主编

中国科学院电工研究所　霍群海　审定

南宁市金号角文化传播有限责任公司　绘

广西教育出版社

南宁

序言

新能源，新希望

——写给孩子们的新能源科普绘本

　　20世纪六七十年代，"人类终将面临能源危机"的论调十分流行。那时，作为"工业血液"的石油，是人类最主要的能源之一。而石油的形成至少需要两百万年的时间。有科学家预测，在不久的将来，石油会消耗殆尽。然而，半个世纪过去了，当时预测的能源危机并没有到来，这其中，科技进步带来的新能源及传统能源的新发现起到了不可估量的作用。

　　一、传统能源的新发现。传统能源包括煤、石油和天然气等。随着科技的发展，人们发现，除曾被世界公认为石油产量最高的中东地区外，在南美洲、北极和许多海域的海底均发现了新的大油田。而且，除了油田，有些岩石里面也藏着石油（页岩油）。美国因为页岩油的发现，从石油进口国变成了出口国。与此同时，俄罗斯、中国等国也发现了千亿立方米级的天然气田，天然气已然成为重要的能源之一。

　　二、新能源的开发。随着科技的发展，人们发现了一些不同于传统能源的新能源。科学家在海底发现了一种可以燃烧的"冰"（天然气水合物），这种保存在深海低温环境下的天然气水合物一旦开采成功，可为人类提供大量的能源。氢是自然界最丰富的元素之一，氢能作为一种清洁能源，有望消除矿物经济所造成的弊端，进而发展一种新的经济体系。核电站利用原子核裂变释放的能量进行发电，清洁高效，可以大大降低碳排放量；但核电站也面临铀矿资源枯竭和核燃料废弃物处理及辐射防护等问题，给社会长远发展带来一定的风险。除已成熟的核裂变发电技术外，人类还在积极开发像太阳那样的核聚变反应技术，绿色无污染的可控核聚变能将为解决人类能源危机提供终极方案。

　　三、可再生能源的利用。可再生能源包括我们熟悉的太阳能、风能、水能、生物质能、地热能等。一些自然条件比较恶劣的地区，如中国西北的戈壁荒漠地区，往往是风能和太阳能资源丰富的地方，在这些地区进行风力和太阳能发电，有助于发展当地经济、提高人们生活水平。在房子的阳台和屋顶，可以安装太阳能发电装置和太阳能热水器，供家庭使用。大海不仅为人类提供优质的海产品，还蕴藏着丰富的能源：海上的风、海面的波浪、海边的潮汐都可以用来发电。地球上的植物利用太阳光进行光合作用，茁壮生长。每到秋天，森林里会有大量的枯枝落叶，田间地头堆积着大量的秸秆、玉米芯、稻壳等农林废弃物，这些被称为生物质的东西通常会被烧掉，不仅污染空气，还会造成资源的浪费。现在，科学家正在将这些生物质变废为宝，生产酒精、柴油、航空燃油以及诸多化学品等。

四、储能技术与节能减排。除开发新能源和新技术外，能源的高效储存、节能减排和能源的综合利用也一样重要。在现代生活中，计算机等行业已经成为耗能大户。然而，计算机在运行时，大量的能源消耗并没有用于计算，而是变成了热量；与此同时，需要耗电为计算机降温。科学家正在研发新的计算技术，让计算机产生的热量大大减少。我们可以提升房屋的保温性能，以减少采暖和空调用电；可以将白炽灯换为节能灯；也可以将垃圾分类进行回收利用，践行绿色低碳的生活方式。

总之，对于未来能源，我们持乐观态度。这套新能源主题的科普彩绘图书，就是专门写给孩子们的，内容包括太阳能、风能、水能、核能、地热能、可燃冰、生物质能、氢能等。我们希望通过这套图书，告诉孩子们为什么要发展新能源，新能源的开发和利用的现状如何，未来还面临着哪些问题。

希望孩子们学习新能源的科学知识，从小养成节约能源的习惯，为保护地球做出贡献。因为，我们只有一个地球。

郑永春　徐莹

2020 年 10 月

目 录

氢和氢能

氢是一种化学元素，排在元素周期表的第一位。它广泛存在于自然界的水和各类碳水化合物中。但是，直到18世纪60年代，人类才知道氢的存在。

氢具有最简单的原子结构，由一个带正电荷的原子核和一个在轨道上运转的带负电荷的电子构成。

氢原子内部结构示意图

氢元素的发现

1766年的一天，卡文迪许做实验时不小心让铁片掉进盐酸溶液，发现溶液中有气泡产生。他把这种气体收集起来，并将它称为"可燃空气"。而发现氢是一种新元素并给它正式命名的是法国化学家拉瓦锡，他将过去被称作"可燃空气"的气体命名为"Hydrogen"（氢）。

铁片

扫一扫，跟着卡文迪许一起发现

氢在宇宙中

宇宙中的原始氢气产生于宇宙大爆炸的瞬间，是组成宇宙中各种物质的初始物质。宇宙的所有元素中，氢的含量最丰富，约占宇宙质量的 75%。

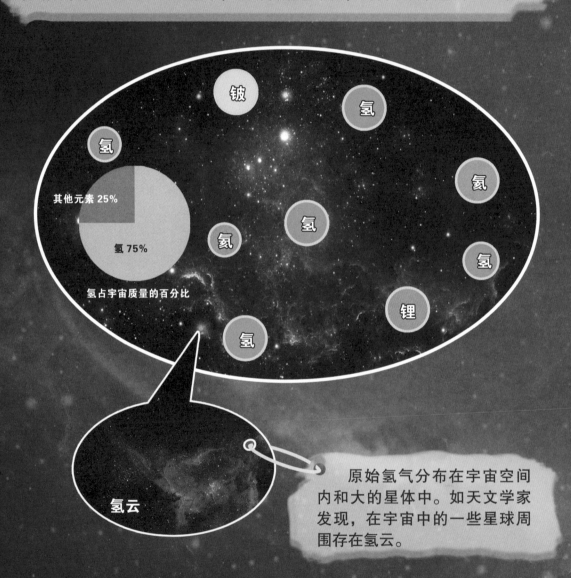

铍

氢

氢

氦

其他元素 25%

氢 75%

氢

氦

氢

氢占宇宙质量的百分比

锂

氢

氢云

原始氢气分布在宇宙空间内和大的星体中。如天文学家发现，在宇宙中的一些星球周围存在氢云。

氢在地球上

地球上的氢绝大部分以化合物的形式存在，常见的氢化合物有四种：氢氧化合物、碳氢化合物、碳氢氧聚合物和酸类。

氢氧化合物，如地球上常见的物质——水。

碳氢化合物，存在于煤、石油和天然气等混合物中。

碳氢氧聚合物，如组成生物体的蛋白质和糖类。

酸类，如植物中的草酸。

你知道吗？

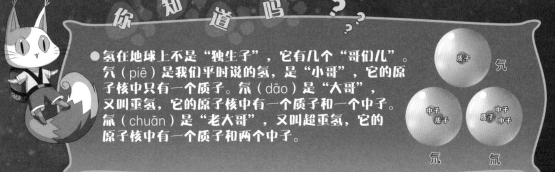

●氢在地球上不是"独生子"，它有几个"哥们儿"。氕（piē）是我们平时说的氢，是"小哥"，它的原子核中只有一个质子。氘（dāo）是"大哥"，又叫重氢，它的原子核中有一个质子和一个中子。氚（chuān）是"老大哥"，又叫超重氢，它的原子核中有一个质子和两个中子。

质子
氕

中子
质子
氘

中子
质子
中子
氚

3

氢的物理性质

难溶于水

氢气难溶于水。基于氢气的这种性质，可用排水法收集氢气。

钢中无氢原子　　钢中有氢原子

渗透性好

氢的渗透能力强，在高温高压下甚至可以穿过厚钢板。如果在冶炼过程中，氢原子混进了钢材中，成为"氢气泡"，就会影响钢材的物理性能。在外力的作用下，"氢气泡"会从钢材中跑出来，使钢材脆裂，这种现象称为"氢脆"。

密度小

在各种气体中，氢气的密度最小。标准状况下，1升氢气的质量是 0.0899 克。将气球充满氢气，气球就可以飘上天空啦！

氢的化学性质

　　氢之所以会成为实验室的"魔术师"，是由它的化学性质决定的。它排在元素周期表的第一列，很容易失去电子，与其他元素结合。在常温下很稳定，但遇火时，容易燃烧。

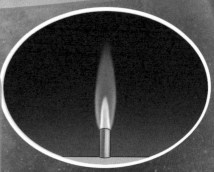

可燃性

　　氢具有可燃性，热值高。不纯的氢气遇火会爆炸。

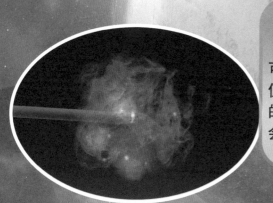

还原性

　　氢具有还原性，可夺取一些金属氧化物中的氧。如在高温条件下，氢气与氧化铜反应，可以使黑色的氧化铜变成红色的金属铜。

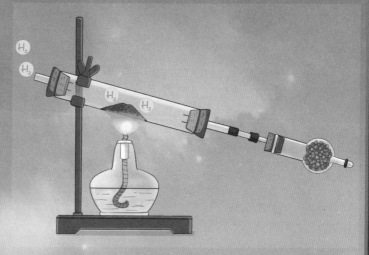

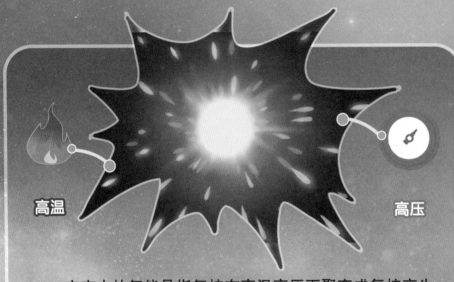

高温　　　　　　　　　　高压

　　宇宙中的氢能是指氢核在高温高压下聚变成氦核产生的巨大能量。太阳的外部存在一个高温气团，这个气团是由氢集聚起来的，人们称它为"氢墙"。

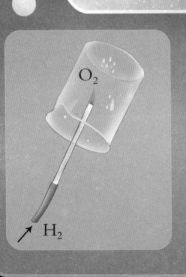

O_2

H_2

　　我们通常所说的氢能是指氢的化学能，是氢气和氧气反应所产生的能量。
　　氢气与氧气燃烧，罩在上方的干净的烧杯壁上会有水珠，说明它们的反应有水生成。

氢的优点

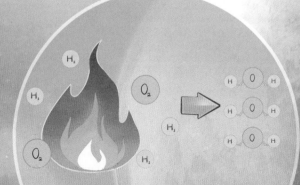

环保无污染。氢气在空气中燃烧后的产物是水，不会污染环境。

热值高。氢的热值是所有化石燃料和化工燃料中最高的。

液态氢

固态氢

气态氢

运输方便。氢可以以气态、液态或固态等多种形式存在，方便运输。

好啦！前面介绍了那么多关于氢和氢能的知识，相信你一定获得了不少新知识，让我来考考你吧！

1. 氢的优点有哪些？（　　）（多选）

　　A. 无污染　　　B. 热值高　　　C. 运输方便

2. 正式提出氢是一种化学元素的是下列哪位化学家？（　　）

　　A. 拉瓦锡　　　　B. 卡文迪许　　　　C. 道尔顿

3. 氢占宇宙质量的百分比约是多少？（　　）

其他元素 50%　　　　其他元素 25%　　　　其他元素 20%

氢 50%　　　　　氢 75%　　　　　氢 80%

A.　　　　　　　B.　　　　　　　C.

氢气的制备

氢是自然界最丰富的元素之一。但是天然的氢气在地球上却很少存在，所以要获得氢气，还得费一番功夫。

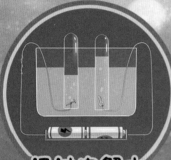

通过电解水获取氢气

从大量的碳氢化合物中提取氢气

制氢的途径

通过化石能源得到氢气

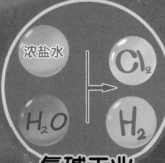

浓盐水

Cl_2

H_2O

H_2

氯碱工业副产氢

利用微生物生产氢气

通常的制氢途径有电解水制氢、甲醇制氢、生物质制氢、化石能源制氢、氯碱工业副产氢。此外，我们还可以在实验室中通过化学反应来制取少量氢气。

实验室制氢

　　实验室制氢可以通过锌和稀盐酸或者稀硫酸发生反应，也可以通过铝和氢氧化钠发生反应。氢气难溶于水，所以一般用排水法收集氢气。

扫一扫，进入制氢实验室

实验材料

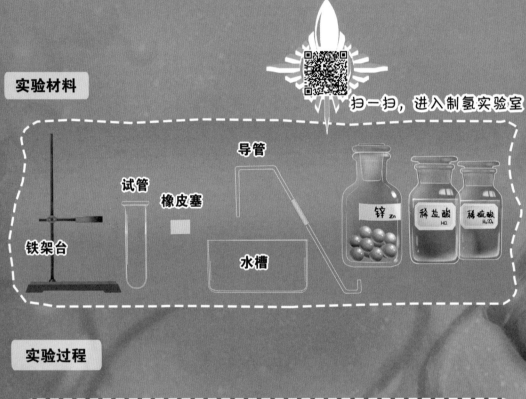

铁架台　试管　橡皮塞　导管　水槽　锌 Zn　稀盐酸 HCl　稀硫酸 H₄SO₄

实验过程

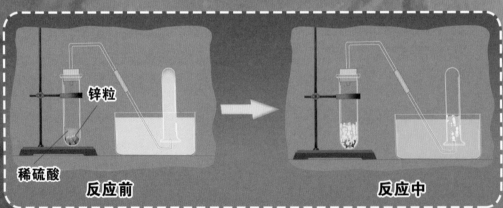

锌粒

稀硫酸

反应前　反应中

电解水制氢是一种较为方便的制氢方法。将两个电极浸没在水中，在两电极间加一个直流电压，使水发生电解，阴极附近就会产生氢气。这种制氢方法过程稳定，不产生污染，得到的氢气纯度高。不过用这种方法制氢的成本较高。

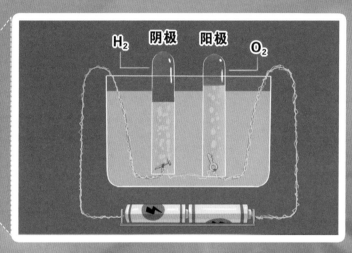

你知道吗???

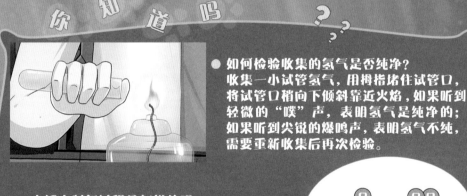

● 如何检验收集的氢气是否纯净？
收集一小试管氢气，用拇指堵住试管口，将试管口稍向下倾斜靠近火焰，如果听到轻微的"噗"声，表明氢气是纯净的；如果听到尖锐的爆鸣声，表明氢气不纯，需要重新收集后再次检验。

● 电解水制氢过程是怎样的呢？
电解时，电流通过电解质溶液，在阳极发生氧化反应，在阴极发生还原反应，溶液中带正电荷的离子和带负电荷的离子分别迁移到阴极和阳极，前者与电子结合，后者给出电子。

甲醇制氢

甲醇制氢是在一定温度、压力条件和催化剂的作用下，甲醇发生裂解生成一氧化碳和氢气，一氧化碳再与水蒸气结合，生成氢气和二氧化碳，再通过变压吸附法将氢气和二氧化碳分离，得到高纯度氢气的方法。

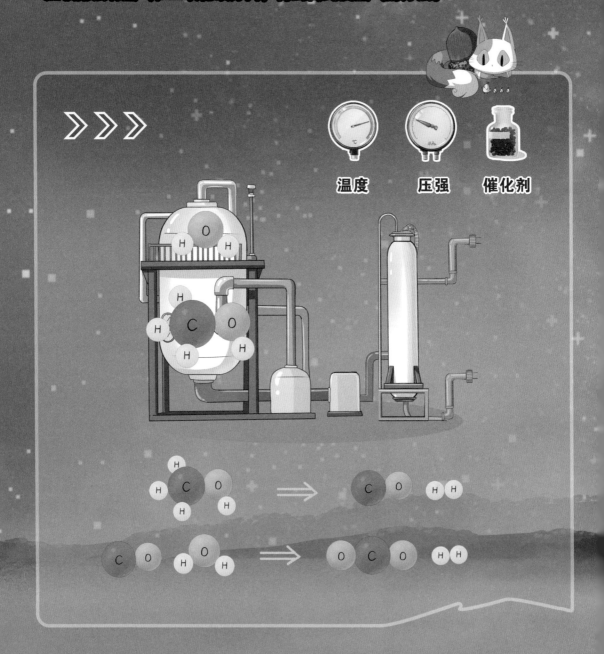

温度　　　压强　　　催化剂

生物质制氢是将生物能转化为氢能。
　　自然界中有些微生物是制氢能手，能把氢化合物中的氢提取出来。如蓝藻、红藻、绿藻、褐藻是通过光合作用及特有的产氢酶系，把水分解为氢气和氧气。

你知道吗？

● 来自未来的家用电器
　　大家好，我来自不远的将来，我的任务是给家庭提供所需的能源。只要喂给我污水和少量的电能，我就能变出燃气供普通家庭做饭、炒菜、烧热水等。此外，我吃进去的污水被排泄出来的时候，可是干净的水哦！我用的"魔法"正是生物质制氢法。

化石能源制氢

　　化石能源制氢，主要是以煤、石油、天然气等化石燃料为原料，将这些原料与水蒸气在高温下发生反应来制氢，这也是现代工业制氢的主要方法。但用这种方法制氢伴随能量的大量消耗，效率低，又污染环境，如产生硫化氢、一氧化碳和二氧化碳等。所以用这种方法多半主要是为了得到化工原料，不是单纯为了得到氢气。

产生二氧化碳

　　二氧化碳是温室效应的罪魁祸首。空气中二氧化碳的浓度高于2%时，会对人体造成伤害。

产生硫化氢

　　硫化氢有剧毒。即使浓度很低的硫化氢也会对呼吸道和眼睛有刺激作用。人体吸入高浓度的硫化氢时，有生命危险。

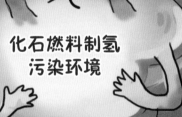

化石燃料制氢污染环境

产生一氧化碳

　　一氧化碳极易与人体血液中的血红蛋白结合，使血红蛋白丧失携氧能力，造成组织窒息，严重时还会危及人的生命。

综合分析各种制氢方式的优劣势，现阶段成本较低、所获氢气纯度较高的方法为氯碱工业副产氢。从制氢工艺的成本来看，氯碱制氢的成本最为适中，且所制取的氢气纯度高达 99.99%。

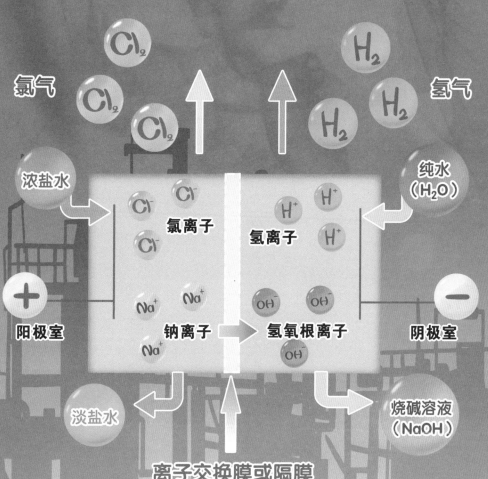

氯碱工业副产氢化学反应式：

$$2NaCl + 2H_2O = Cl_2 \uparrow + H_2 \uparrow + 2NaOH$$

好啦！前面介绍了那么多关于氢气制备的知识，相信你一定获得了不少新知识，让我来考考你吧！

1. 电解水制氢中阴极和阳极附近产生的分别是什么气体？

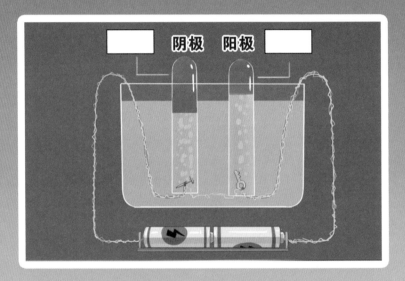

阴极　　阳极

2. 氢气可以通过哪些途径制取？（　　）（多选）

A. 通过电解水获取氢气

B. 从大量的碳氢化合物中提取氢气

C. 通过化石能源得到氢气

D. 利用微生物生产氢气

氢的储运

氢气很轻，密度很小，又容易燃烧，所以携带起来很不方便。氢是我们重要的能源，要利用它，首先就得解决氢的储存和运输问题。

物理储氢法

低温液氢储存

氢气变成液态氢时，体积被大大地压缩。但储存低温液氢的容器体积庞大，且需要极好的绝热装置。

高压气态储存

高压气态储氢是把氢压缩后，储存在高压容器内，这是最普通的储存方法，但用这种方法储氢，储量小，还有爆炸危险。

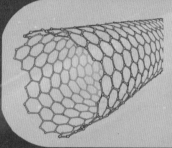

吸附法储存是用一定的材料吸附大量氢气达到储氢目的。吸附储氢材料主要有高比表面积活性炭、石墨纳米纤维、纳米碳管等。

吸附法储存

化学储氢法

高压气态储存和低温液氢储存等物理储氢法有很多弊端，如不安全、能耗高、储量小、经济性差等，严重掣肘了氢的高效利用，化学储氢法应运而生。化学储氢法是利用氢化物循环吸放氢的过程来储存氢，分为有机化合物储氢和金属氢化物储氢。

有机化合物储氢法

有机化合物储氢法，是利用有机化合物催化加氢和催化脱氢反应来储存和放出氢气。

高温低压

催化加氢

催化脱氢

有机化合物
催化剂

金属氢化物储氢法

某些金属具有很强的捕捉氢的能力，在一定的温度和压力条件下，氢分子在金属表面充分分解成单个的原子，这些氢原子进入金属中，并与金属发生化学反应，生成金属氢化物，储存氢气。加热时，金属氢化物分解，释放氢气。

扫一扫，看金属与
"猎物"的较量

金属氢化物储氢法有什么优点呢？

金属氢化物储氢法有工作压力低、使用方便等优点。除了储存氢气，还能将化学能转换成机械能或热能。此外，用这种方法还可以提纯和回收氢气。

氢的运输

氢气运输时的形态主要有四种：低压氢气、高压氢气、液态氢和固态氢。氢的形态不同，运输方式也不同。

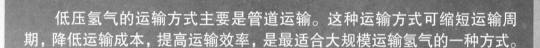

低压氢气的运输方式

低压氢气的运输方式主要是管道运输。这种运输方式可缩短运输周期，降低运输成本，提高运输效率，是最适合大规模运输氢气的一种方式。

高压氢气的运输方式

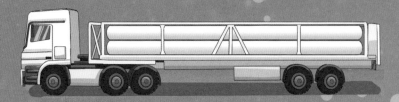

高压氢气的运输方式有机动车运输、船运，多半采用长管拖车、集装格进行运输。

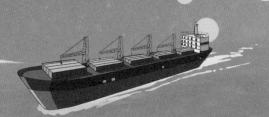

液态氢的运输方式

液态氢较适合短途运输，多半采用槽罐车或管道运输，当然还可以通过火车、船舶进行远距离运输。

好啦！前面介绍了那么多关于氢的储运知识，相信你一定获得了不少新知识，让我来考考你吧！

1.下面哪些属于物理储氢法？（ ）（多选）

A.高压气态储存

B.低温液氢储存

C.吸附法储存

2.低压氢气的运输方式主要是（ ）运输。

A.长管拖车

B.槽罐车

C.管道

氢的应用

20世纪六七十年代，有人提出，人类将面临能源危机。此后，许多国家和地区广泛开展了对氢的研究，氢能作为一种新能源，越来越被人们重视。

氢气球

氢气被人们制得后，人们发现氢气比空气轻，是一种浮升气体。1780年，法国化学家布拉克制得世界上第一个氢气球。其后，人们乘坐氢气球飞上蓝天，实现了人类的飞天梦想。许多年过去，氢气球依然广泛运用于航天航空探测和人类的生活中。

较小的氢气球，多作为儿童玩具或在喜庆节日放飞。

较大的氢气球叫空飘氢气球，多用于悬挂广告条幅来进行空中广告宣传。

你 知 道 吗

● 虽然纯净的氢气自己不会爆炸，但它和氧气混合后遇火会爆炸，所以氢气球存在不安全的因素。考虑到安全问题，现在用另一种浮升气体氦气替代氢气充入气球中。

氢气飞艇

1901 年，巴西有人制作了氢气飞艇。早期氢气飞艇用于军事活动，第一次世界大战后广泛用于运输。氢气飞艇是一种非常轻的航空器，它与氢气球最大的区别在于它具有推进和控制飞行状态的装置。

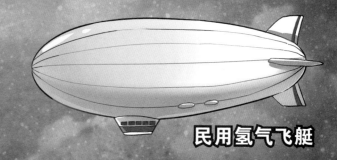

民用氢气飞艇

军用氢气飞艇

"兴登堡"号飞艇

1937 年 5 月 6 日，德国巨型飞艇"兴登堡"号在美国失火坠毁。在"兴登堡"号发生空难之后，整个氢气飞艇产业急速没落。不久之后，氢气飞艇退出历史舞台，浮升气体氦气代替氢气，登上舞台。

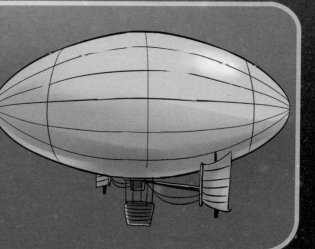

燃料电池

除了利用氢气密度小的物理性质制作飞艇，利用氢气的化学性质，还可以制作燃料电池。

普通电池是一个有限的电能输出和存储装置；而燃料电池既是储存电能装置，又是产生电能装置，只要燃料不断，它就能不断地输出电能，具有节能、高效、低污染等特点。

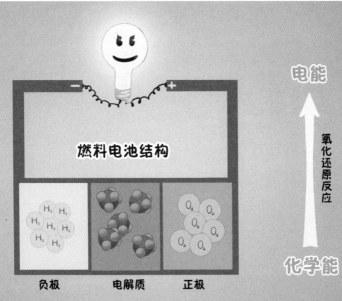

燃料电池是由正极、负极和夹在正负极中间的电解质所组成的发电装置。它就像一个发电厂，通过发生在正极、负极上的氧化还原反应，将存在于燃料与氧化剂中的化学能转化为电能。燃料电池理想的燃料是氢气。

我们以氢燃料电池为例来探究燃料电池的原理。作为燃料的氢气从负极进入燃料电池，氢分子在负极分解成带正电的氢离子和带负电的电子。电子顺着外部电路中的金属导线到达燃料电池的正极，在导线中产生电流。而氢离子穿过电解液薄膜到达正极，与正极处的氧结合并吸收电子形成水。

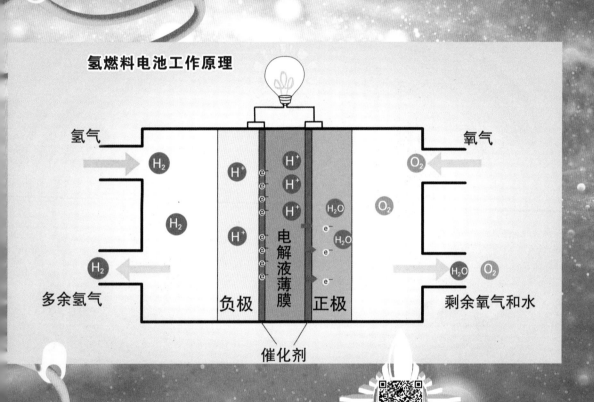

氢燃料电池工作原理

你知道吗？？？

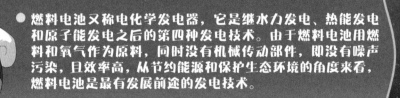

扫一扫，探究燃料电池
工作原理

● 燃料电池又称电化学发电器，它是继水力发电、热能发电和原子能发电之后的第四种发电技术。由于燃料电池用燃料和氧气作为原料，同时没有机械传动部件，即没有噪声污染，且效率高，从节约能源和保护生态环境的角度来看，燃料电池是最有发展前途的发电技术。

燃料电池的分类

燃料电池有多种类型，按照电解质种类划分，包括磷酸燃料电池、熔融碳酸盐燃料电池、固体氧化物燃料电池、碱性燃料电池、质子交换膜燃料电池，以及直接甲醇燃料电池、再生型燃料电池等新型燃料电池。

磷酸燃料电池，是最早的一类燃料电池，使用磷酸作为电解质，发电效率约为45%。

固体氧化物燃料电池，被认为是第三代燃料电池，用含有氧化锆等成分的陶瓷材料作为电解质，一氧化碳等气体作为燃料，发电效率可高于60%。

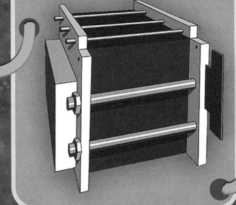

熔融碳酸盐燃料电池，被称为第二代燃料电池，使用熔化的锂钾或锂钠碳酸盐作为电解质，氢气、一氧化碳等作为燃料，发电效率约为55%。

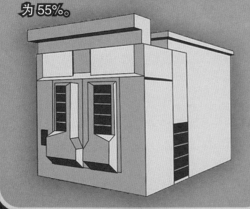

质子交换膜燃料电池，由两块电极板和一片薄的聚合物膜组成。目前广泛用于汽车的氢燃料电池就属于质子交换膜燃料电池。

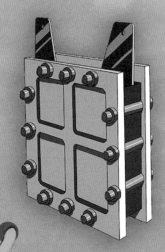

再生型燃料电池，是将水电解技术与氢氧燃料电池技术相结合的一种新型氢能发电装置。

你 知 道 吗 ？

● 质子交换膜燃料电池是一种清洁、高效的绿色环保电池，两块电极板基本由碳组成，使用的电解质是一种又轻又薄、具有渗透性的聚合物膜。它的能量转换率高达 80%，体积小，组装和维护方便。

氢气　　　　　　氧气

负极　正极

多余氢气　　　质子交换膜　　　剩余氧气，水，热

燃料电池的应用

燃料电池主要用于固定电站，以及为移动电源和车船提供动力，燃料电池理想的燃料是氢气，这也是今后氢能发挥作用的大舞台。

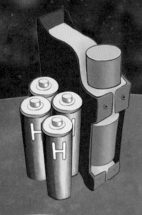

移动电源
燃料电池移动电源，在各类国防特殊用途中比传统移动电源更具优势。

固定电站
燃料电池电站发电效率高，但成本也高，真正进入市场还需要一定的时间。

H₂
燃料电池

燃料电池汽车
与传统汽车相比，燃料电池汽车有零排放、无噪声等优点。

常见的两种氢能汽车

氢能汽车，又称氢动力汽车，是一种能解决能源不足问题的环保型汽车。它是以氢能为动力来源的汽车，具有无污染、零排放、动力来源储量丰富等优势。目前汽车领域比较常见的两种氢能汽车为氢燃料汽车和氢燃料电池汽车。

氢燃料汽车

氢燃料汽车的燃料不是传统的汽油，而是清洁能源氢气。通过将氢气的化学能转化为热能，热能再转化为机械能，驱动汽车运行。其优点是发动机效率较高。

氢燃料电池汽车以氢燃料电池产生的电为动力，排出的是纯净的水，具有无污染、零排放的优势。目前质子交换膜燃料电池被广泛运用在氢燃料电池汽车上。

氢燃料电池汽车

氢能汽车震撼亮相

2007 年，福特汽车公司展示了世界上第一辆可以驾驶的插电式燃料电池混合动力车。该车结合了车载氢燃料电池发电机和锂离子蓄电池，最高时速可达 136.85 千米。

丰田 Mirai 使用了高压氢气作为动力能源。高压氢气被储存在位于车身后半部分的高压储氢罐中，此高压储氢罐可以承受 70MPa 的压力。添加高压氢气的过程与传统的添加汽油或者柴油的过程相似，将储氢罐充满只需要 3~5 分钟。

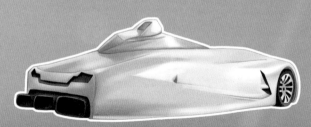

宝马 H2R，它的发动机以宝马 760Li 的汽油发动机为基础，效率更高，与改造之前最大的区别在于氢燃料喷射阀的集成和燃烧室内材料的选择。

宾尼法利纳 H2 Speed，从名字可以看出，H 正是氢的化学符号。它的两个氢气燃料罐可储存 8.6 千克的氢燃料，并配备了一套动力回收系统。

你 知 道 吗 ？？？

● 加氢站是为氢能汽车提供氢气的基础设施。随着氢能汽车的发展，加氢站的数量也在不断增加。

氢能在航天航空领域的应用

我国的长征三号乙运载火箭、苏联 R-7 运载火箭和美国土星 5 号运载火箭都以液氢为燃料。

中国长征三号乙运载火箭 苏联 R-7 运载火箭 美国土星 5 号运载火箭

你知道吗？

● 火箭发动机的燃料燃烧所需氧气通过氧化剂来供给。液氢等液体燃料加上氧化剂，就组成了火箭发动机的推进剂。燃料燃烧后产生的气体温度很高，这些高温气体经喷管喷出，产生很强的反作用力，推动火箭前进，速度可达音速的几倍，甚至几十倍。火箭发动机所受推力大小和工作时间长短是通过调节进入发动机燃烧室的液氢和液氧的比例与速度来控制的。

液体火箭发动机

2008 年，一架翼展 16.3 米，机身长 6.5 米，重约 800 千克，可容纳两人的小型飞机在西班牙奥卡尼亚镇的上空试飞。它是波音公司研制成功的一架以氢燃料电池为动力源的飞机，除热量外，只产生水蒸气，不产生温室气体。

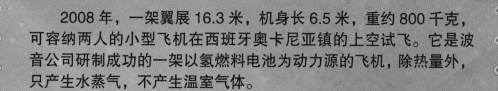

2016 年，氢燃料电池四座客机 HY4 在德国斯图加特机场成功试飞。HY4 机翼长达 21.36 米，将两个两座机身连接在一起，由四个低温质子交换膜燃料电池提供能量，再由这些电池将氢气和氧气转化为水和电能，实现了二氧化碳的零排放。

氢弹

1952 年，美国在埃尼威托克珊瑚岛进行了第一次氢弹爆炸试验。当氢弹起爆后，整个珊瑚岛在惊天动地的爆炸声中沉入太平洋深处，爆炸威力比投掷在广岛的原子弹大几百倍以上。

氢弹是什么？

氢弹属于第二代核武器，威力巨大。它利用氢的同位素氘和氚发生核聚变反应，释放原子核能，所以称氢弹，又称热核武器。氢弹爆炸所释放的原子核能大得惊人，一颗氢弹爆炸就足以毁灭一座大城市。

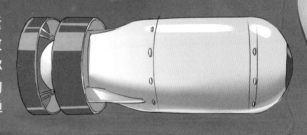

我国于 1966 年 12 月 28 日进行了氢弹原理试验，1967 年 6 月 17 日又进行了氢弹空爆试验。

我国第一次氢弹试验产生的"蘑菇云"

氢弹的组成及原理

氢弹由热核装料、起爆装置和弹体组成。氘和氚原子核之间能进行核聚变反应，因此一般选用含氘和氚的物质作为热核装料；起爆装置是一颗小型原子弹；弹体是用天然铀制成的。

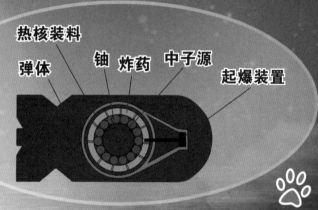

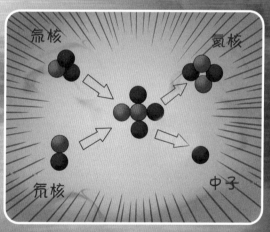

　　起爆装置中的原子弹爆炸会产生高温，使得氢弹中的热核装料进行热核反应，最终引爆氢弹弹体。氢弹爆炸时，用天然铀制成的弹体也参与到热核反应中，使天然铀发生裂变，释放原子核能，继而增加氢弹的威力。所以氢弹释放能量的过程有三个阶段：裂变—聚变—裂变。

托卡马克装置

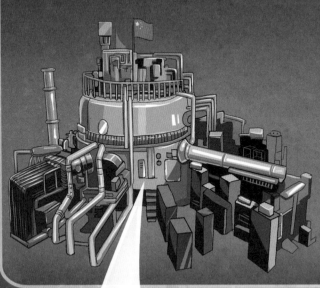

人类生存所依赖的能量，绝大部分由太阳提供，而太阳辐射的能量来自氢核聚变。人类正在研究可控核聚变技术，努力使可控核聚变在地球上进行成为现实。托卡马克是利用磁约束来实现受控热核聚变的装置，俗称"人造太阳"。未来稳态运行的热核聚变用于商业后，将为人类提供无穷无尽的清洁能源。

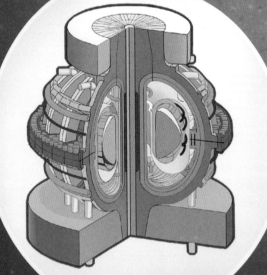

托卡马克装置的中央是一个环形的真空室，外面缠绕着线圈。在通电的时候装置的内部会产生巨大的螺旋形磁场，将其中的等离子气体加热到很高的温度，从而为核聚变提供条件。

托卡马克装置内部结构

好啦！前面介绍了那么多关于氢的应用的知识，相信你一定获得了不少新知识，让我来考考你吧！

1. 下面哪些是氢能发挥作用的"大舞台"？（　　）（多选）

A. 移动电源 　　　　B. 固定电站 　　　　C. 氢能汽车

2. 连一连。把下面火箭与对应的名字连起来。

苏联 R-7 运载火箭　　美国土星 5 号运载火箭　中国长征三号乙
运载火箭

氢经济

社会发展到今天，矿物燃料发挥了重要作用，但同时也产生了一些严重弊端，如空气污染、气温升高等。矿物燃料产生的这些弊端，迫使人们改变石油经济体系，从而催生新的经济体系。

氢经济体系

氢气的储存

氢气燃烧发电

氢气的运输

火箭发射

氢能汽车

氢能作为一种清洁能源，有望消除矿物经济所造成的弊端，进而发展一种新的经济体系。氢经济是 20 世纪 70 年代提出的新的经济体系，目的是取代给我们带来诸多困扰的石油经济体系。它是以氢为媒介，包括氢的储存、运输和转化在内的一种未来经济结构的设想。

氢经济的优越性

　　氢经济的优越性体现在几个方面：首先，氢经济以氢能为基础，能消除矿物燃料引起的环境污染；其次，氢经济不使用石油，无须依赖有限的石油储备；最后，氢经济时代的能源可以采用分布式生产，只要有电和水，在任何地方都可以生产氢气。

清洁无污染

氢是一种清洁能源，不会对环境造成污染。

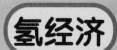

氢经济

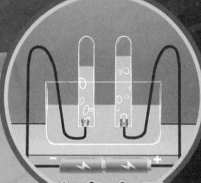

生产方便

只要提供水和电，就可以生产氢，不受地域限制。

摆脱依赖

化石能源的储备是有限的，而氢经济不使用化石能源，摆脱了对化石能源的依赖。

氢经济的发展

氢经济作为一种清洁、可持续的新经济体系，已经受到世界各国的普遍关注。许多发达国家都对实现氢经济的发展进行了大量研究，制订了长期研发计划。

氢能源公共汽车

在冰岛开发氢能源和发展氢经济计划中，就包括了建造液态氢燃料公共汽车。

冰岛的氢燃料公共汽车

氢燃料公共汽车长12米，由压缩氢气提供能量，最大时速约为80千米，每次充满氢后最多可以运行200千米。

海洋里的"闪电"

冰岛的"闪电"号赏鲸船是世界上第一艘氢能商用船,装备有船用氢能系统。

"闪电"号赏鲸船

"闪电"号赏鲸船的排水量为 130 吨,可乘坐 150 名乘客。虽然只是用于赏鲸,但意义重大,它证明了可以在船上使用氢能,摆脱了对化石燃料的依赖。

你 知 道 吗 ？

● 早在 20 世纪 60 年代初,我国就开始了对氢能的研究。截至目前,我国在氢能汽车研发领域取得了重大突破。研发的氢能汽车在行驶性能、安全性能、燃料利用等方面均有显著提高。我国还制定了多项具体的政策和措施,推动氢经济的发展。

亲爱的小朋友，氢能汽车开始进入我们的生活。你能想象到一百年后，氢能汽车会变成什么样子吗？另外，我们前面提到了氢能可以应用于汽车、轮船等，除了这些，氢能还可以应用在哪里呢？把你想到的画出来吧！